寻灵大冒险
Jungle Survival

丛林心脏大决战

甜橙娱乐 著

中国纺织出版社有限公司

图书在版编目（CIP）数据

寻灵大冒险. 8，丛林心脏大决战／甜橙娱乐著. --
北京：中国纺织出版社有限公司，2020.11
（给孩子的博物科学漫画书）
ISBN 978-7-5180-7919-3

Ⅰ.①寻… Ⅱ.①甜… Ⅲ.①热带雨林－少儿读物
Ⅳ.① P941.1-49

中国版本图书馆CIP数据核字（2020）第182754号

责任编辑：李凤琴　　　责任校对：高涵　　　责任印制：储志伟

中国纺织出版社有限公司出版发行
地址：北京市朝阳区百子湾东里A407号楼　邮政编码：100124
销售电话：010 - 67004422　传真：010 - 87155801
http://www.c-textilep.com
官方微博http://weibo.com/2119887771
北京通天印刷有限责任公司印刷　各地新华书店经销
2021年3月第1版第1次印刷
开本：710×1000　1/16　印张：10
字数：120千字　定价：39.80元

推荐序
开启神奇的冒险之旅吧

　　在我的童年时代，《小朋友百科文库》是我所读科普类书籍的主要组成部分。十多年前，我就一直想把来自世界各地的雨林动物以动画的形式展现出来，后因种种事情的牵绊未能付诸实施。这次重新筹划，我不但感到欣慰，回忆昔日，心中充满了温馨。

　　这是一部充满雨林冒险与团队励志的长篇故事，让所有的小观众们不仅能领略雨林中的大千世界，还能体会剧中主角们勇往直前、坚韧不拔的毅力。更倡导全世界未来的小主人公们，一起关爱自然，维护我们共同赖以生存的家园并与自然界中的生物和谐共处。

　　从 2012 年开发《寻灵大冒险》3D 动画，到今天已经累计在全球 100 多个国家和地区发行。相关漫画图书在世界范围内售出 400 多万册，成为许多家长和学校高度推荐的畅销书。

　　希望所有的小读者们能与父母一起亲子共读此书，家长饱含深情地给孩子朗读和演绎故事，按照故事情节变换不同的语调和声音，会增加孩子情绪分化的细腻性，有利于孩子情感体验和情绪表达的健康发展。大一点的孩子完全可以自主阅读，或许你会和故事中的主角们一样的勇敢啊！

　　下面让我们和剧中的马诺、丁凯等主角们一起，开启这趟神奇的冒险之旅吧！

《寻灵大冒险》《无敌极光侠》编剧

2020 年 7 月

人物介绍

马诺 ♂

　　男，11岁，做事有点马马虎虎，大大咧咧，但待人很真诚，时刻都会保护大家，是全队的动力。

丁凯 ♂

　　男，11岁，以冷静见长，因为自己很有能力所以性格很强，虽然不能成为全队的领袖或者智囊，但可以在队伍混乱时，随时保持冷静的观察和谨慎地思考，因为和马诺的性格不同所以演变成了微妙的竞争关系。

兰欣儿 ♀

女，11岁，看着像一个弱不禁风的小女孩，其实人小能量大，遇事沉稳，但难免有时会比较急躁，虽然总被惹事精的马诺所折磨，但觉得马诺在任何时候都会支持自己所以很踏实。

兰冰 ♂

男，7岁，兰欣儿的弟弟，年纪比较小，需要全队来保护，但同时又机灵敏捷，像个小大人似的喜欢说成熟的话，是个喜欢昆虫的宅少年。

卓玛 ♀

女，12岁，当地的土著人，淳朴善良勇敢，一直热心地帮助主角们渡过难关。

目　录

第一章

变异灵兽

那里是?

丛林的心脏。
我原来待的地方。

一定要去那里吗?

当然，丁凯。
你看看这周围。

如果我和阿泰再不
赶快回去的话，这里
全都会被毁掉的。

地下监狱

嘿嘿，哈哈哈，
够狡猾。

哐

发射

砰 砰 砰

识相的就赶紧
给我把路让开。

原来是铁骑熊狸。

砰

不错嘛，命还真大。

丁凯，没事儿吧？

天啊！寒冰蛇王和眼镜王蛇居然共用一个身体。

到底是谁干的？

唉，人类吧。

肯定是经过改造的灵兽。

我会先咬住他们的。

再敢往前一步，小心身体被冻成冰块。中了我的毒身体也会立马僵住的。我会先冻住他们的。

争执

苏醒吧！泥潭陆龟！

泥潭陆龟

泥潭陆龟，
快去扰乱它们。

就这点把戏！

噗

噗

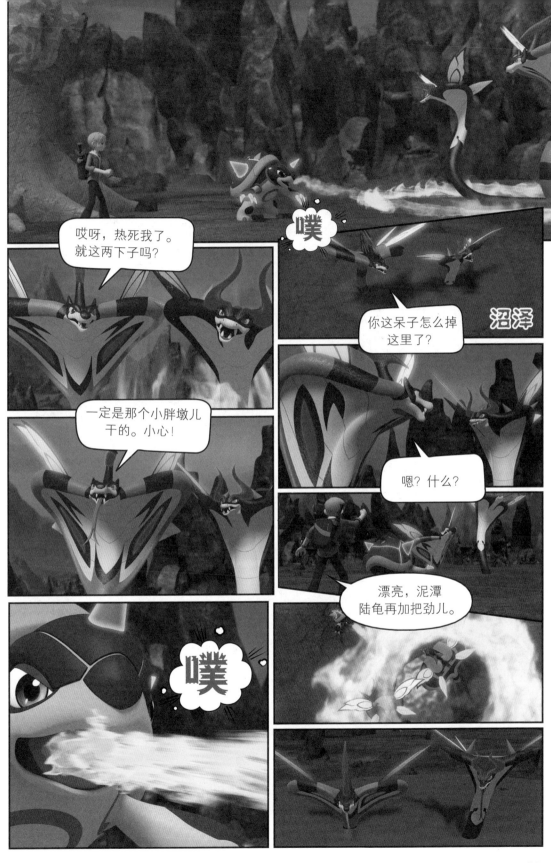

21

知识加油站

突变

    突变是指遗传物质的结构突然发生变化后遗传给后代的现象。19世纪末，荷兰遗传学家德弗里斯开始对突变进行研究。他曾在红秆月见草杂交实验中发现了一种与众不同的巨型红秆月见草，之后开始把这些种子进行杂交实验。实验结果表明，花变大的变异现象很稳定地代代延续下来，他也开创了将实验方法应用于进化论研究的先河，第一个将实验方法引进到非实验及富于臆测的进化论领域之中。之后1910年美国遗传学家摩尔根首先在果蝇中发现了基因突变，1927年美国遗传学家穆勒将果蝇人为照射X射线后成功诱发了突变，突变研究有了很大发展。突变有两种类型，自然突变是在自然状态下各种自然条件（如温度、光照、干湿度等）剧烈变化引起突变，频率随生物发生变化。但通常DNA复制100万次的情况下才有可能出现1次突变。有人认为自然突变是生物进化的最大因素。诱发突变是人类利用化学药品和放射线等使DNA发生变化，人为措施诱导的突变叫作诱发突变。

基因

    基因是遗传的基本单位。如果把人类的身体与电脑相比较的话，基因可以说是一种程序。程序发出命令可以让电脑运作起来，但实际上程序并没有实体。相似的是基因只是储存信息，不会直接在任何生物体上工作。基因只能指挥蛋白质的合成而已，以基因的命令产生的蛋白质在身体上执行各种功能，产生各种作用。

    就像计算机里的记忆装置储存着程序一样，基因也有储存着信息的物质，它的名字叫DNA。就像计算机把信息以0与1的数字顺序来储存信息，DNA是通过名为腺嘌呤（A）、鸟嘌呤（G）、胸腺嘧啶（T）、胞嘧啶（C）四种物质通过排列储存信息。DNA是由两条螺旋链形成，在每条链上储存着信息。对人类而言，所有细胞的DNA合起来长度有1000km。DNA并不直接用于蛋白质合成，只会把信息传递给一个叫mRNA的物质，这是为了防止DNA信息受损。

第二章

颤动的大地

不过砂拉越这么大不会连一点儿水都没有吧。

看这地面，也许真的没有水。

卓玛，阿泰说砂拉越可能一点儿水都没有了。

那我们是不是要先回塔鲁曼去取点水啊。

地震了

啊，怎么回事，是地震吗？

地震？

嗯！感觉整个地都在晃。

什么！马诺快回来！

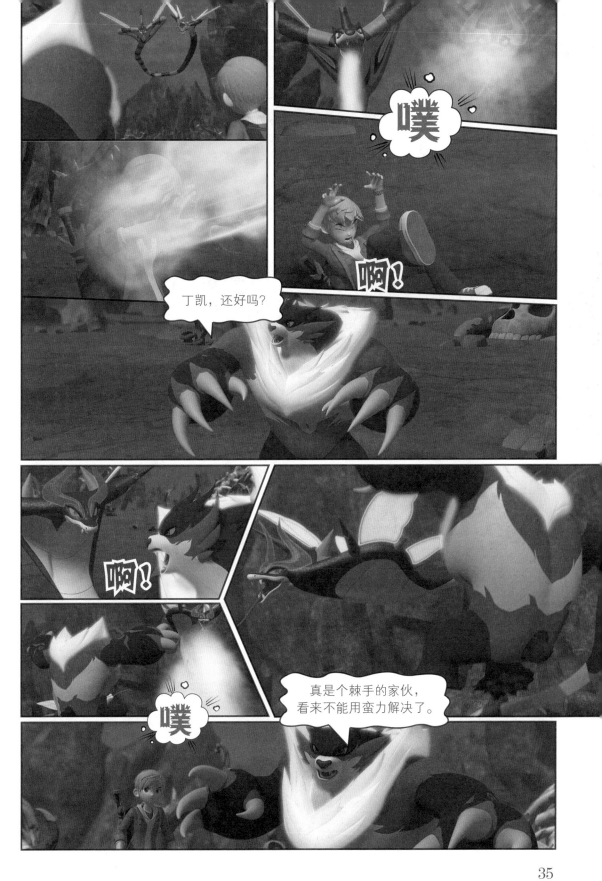

39

对，它肯定讨厌阳光。

好，不管怎样一定要把它引出来。

落下

回收！

苏醒吧，变形蚁后！

变形蚁后

阿泰在怪物肚子里。快发挥你的能力吧，白蚁。

叫我蚁后。

41

44

45

知识加油站

生物燃料

　　生物燃料是指通过热解或发酵生物（生物质）（例如植物，微生物和动物，食物垃圾和牲畜垃圾）产生的燃料，把生物能转化为能源。生物燃料比化石燃料排放的二氧化碳更少，这使它们成为流行的可再生能源。

　　人们急于寻找可以替代石油并且对环境破坏较小的燃料，太阳能、潮汐能和风能等替代能源很难满足不断增长的能源需求，而从植物中提取的生物燃料具有快速增长和大规模生产的优势。然而，为了获得生物燃料，需要大面积的土地，并且其缺点在于资源分散或资源量的区域差异大。随着生物燃料用量增加，会导致谷物价格的上涨以及诸如土壤和水污染等环境问题。

第三章

丛林心脏

53

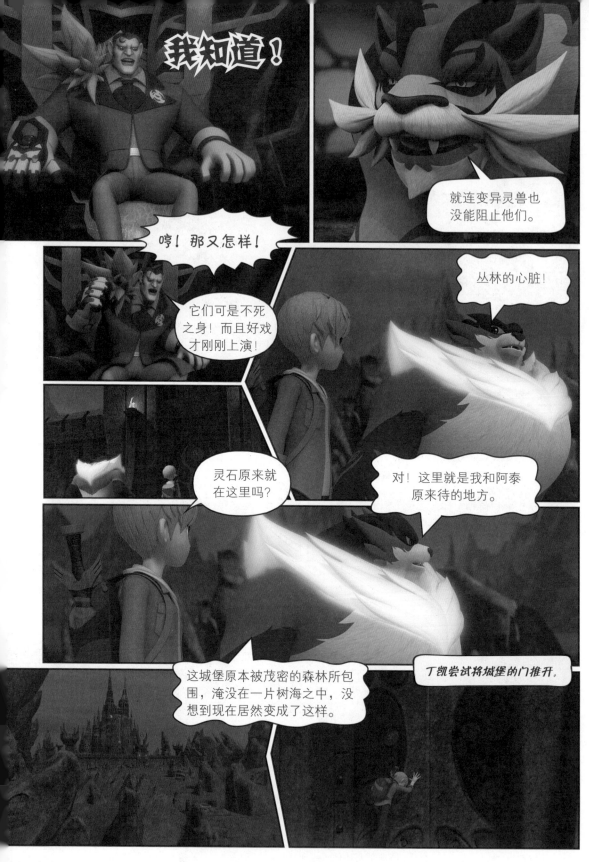

哦不，我可不想和它一伙！就不能直接干掉它吗？

阿瑟也拿它没办法了！

你只要吸引它的注意力就行，剩下的让我来！

来吧！

好！你要保证我安全哦！

砰

甩出去

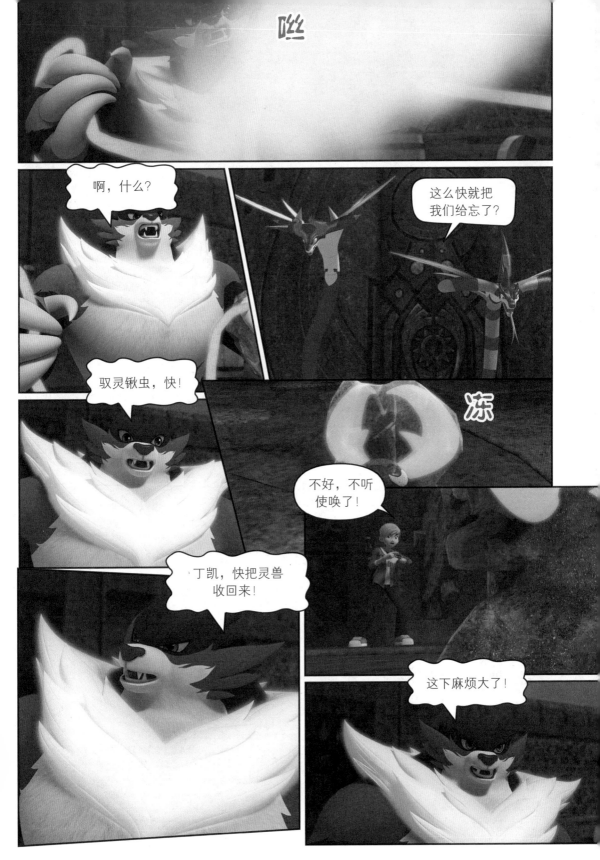

知识加油站

蒸腾作用

　　叶片背面有气孔，是植物进行体内外气体交换的重要门户。气孔在叶面上所占面积一般不到1%。蒸腾作用是指水通过蒸发现象后成为水蒸气的现象。在植物的叶子中会通过一个叫叶绿体的细胞器进行光合作用，利用光能同化二氧化碳和水，合成贮藏能量的有机物，同时产生氧气。因此植物叶片在任何时期都需要水分。蒸腾作用将水分蒸发到空气中，蒸腾拉力使得根毛吸受新的水分。蒸腾作用发生后，为了补充叶片上损失的水分，根部吸收的水和养分会沿着植物的茎和叶脉传递到每一片叶子。蒸腾作用就像一个抽取地下水的水泵一样。另外，水分蒸发时，植物的热量也会一起带走，有助于在闷热的天气里生存下去。蒸腾作用在温度高、光线强的环境中比较活跃。

　　保卫细胞是包围植物气孔的细胞，通过开关气孔来调节蒸腾作用。当保卫细胞吸收水分膨胀后向外弯曲，气孔就会打开，如果水分流失，保卫细胞就会恢复原状从而关闭气孔。

第四章

危机四伏

变异灵兽？

那就要快点了！

是的，迫于无奈才做出的一些变异怪物！因为它们永远也不会死，所以我偷偷研制了一些麻醉剂。

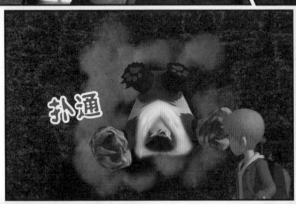

扑通

啊！阿瑟！

啊！怎么办？

还是先担心担心你自己吧！

不知天高地厚的家伙，等着受死吧！

呵呵呵……现在你那手环也只不过就是个摆设罢了！

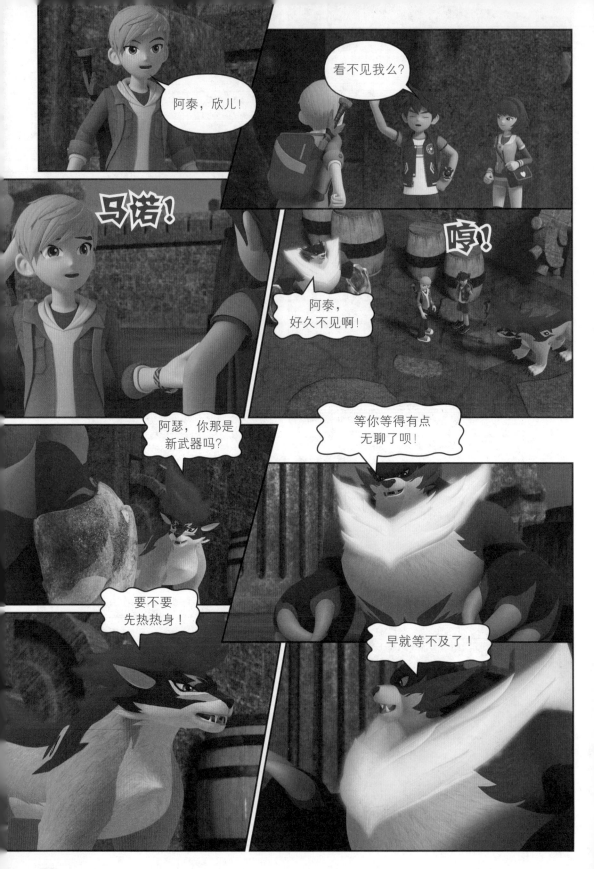

没时间了!

嗷

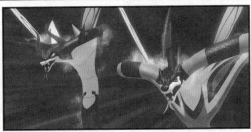

砰

兰博士走到实验室。

就是这个!

叔叔，我们得赶紧走了!

嗯。

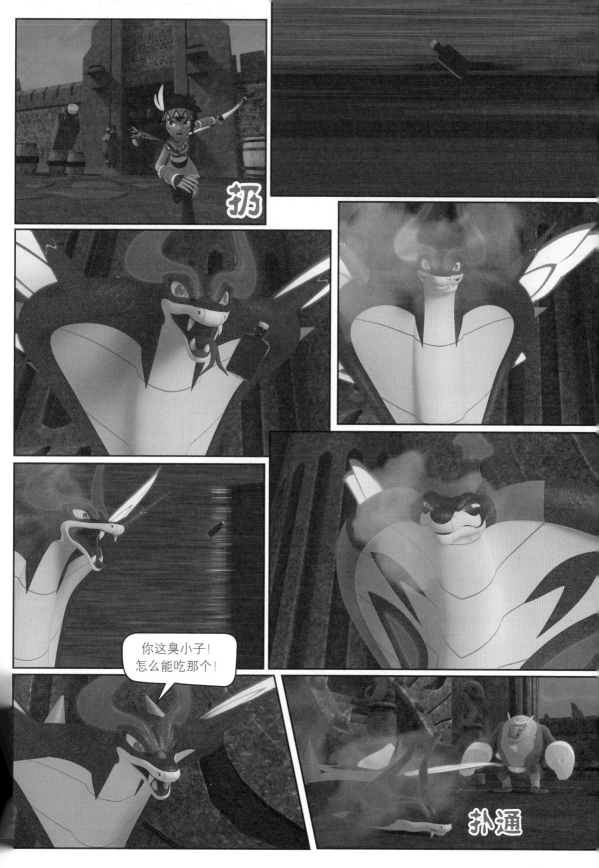

扔

你这臭小子！
怎么能吃那个！

扑通

93

逃

钻

兰叔，现在
该怎么办？

这些家伙只不过
是暂时睡着了，
一会儿就会醒的！

那把它们都塞进
那家伙的嘴里吧！

喂，别装睡了，
赶紧起来！

孟德尔定律

　　孟德尔定律是遗传学的基础，这是奥地利的天主教神父孟德尔用豌豆进行杂交实验时发现的定律，他发现基因是决定各自特征的物质，该理论奠定了遗传学的理论基础。包含几部分内容：

　　优劣定律：把圆滚滚的豌豆纯种与皱巴巴的豌豆纯种进行杂交，看起来应该会长出中间形态的稍微皱一点的豌豆，但实际上无论如何都会长出圆圆的豌豆。当把圆滚滚的豌豆的基因称为 RR，把皱巴巴的豌豆的基因称为 rr 时，它们杂交时基因会成为 Rr。因为 R 相对于 r 来说是显性基因，所以无论何时都会表现出 R 的性状。

　　分离定律：将纯种杂交后得到的杂种一代豌豆再进行培植，它们之间杂交后显性与隐性的比率为 3：1。这是因为具有 Rr 基因的圆圆的豌豆杂交时，产生比率 1：2：1 的基因 RR，Rr，rr，其中隐藏着的第一代的隐性基因就会显露出来。

　　独立遗传定律：在生物里出现的各个性状（豌豆的皱纹，颜色等）互相不会产生影响，各自遵守优劣定律与分离定律。

第五章

再见剑灵

100

列队

变换队形

扑通

它们到底要不要
攻过来啊？
时间可不多了。

被击落

往这边，快！

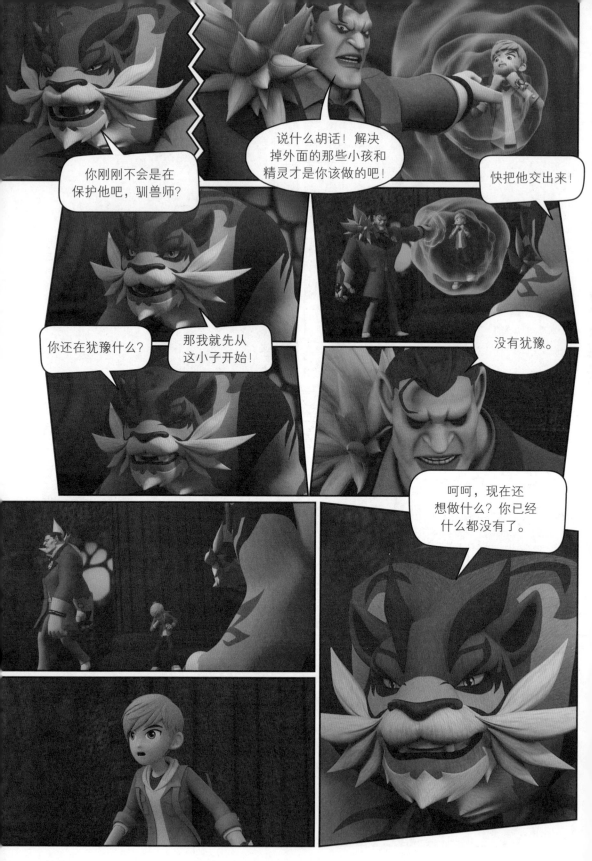

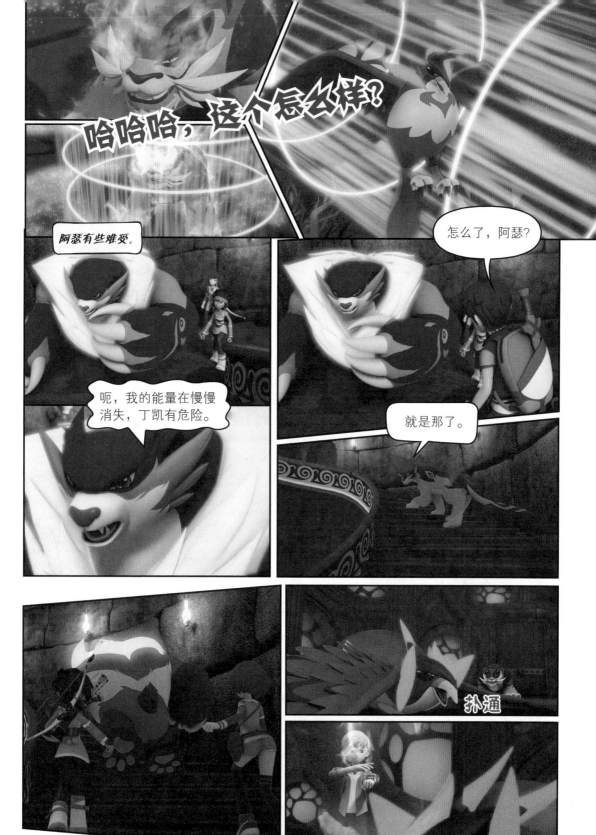

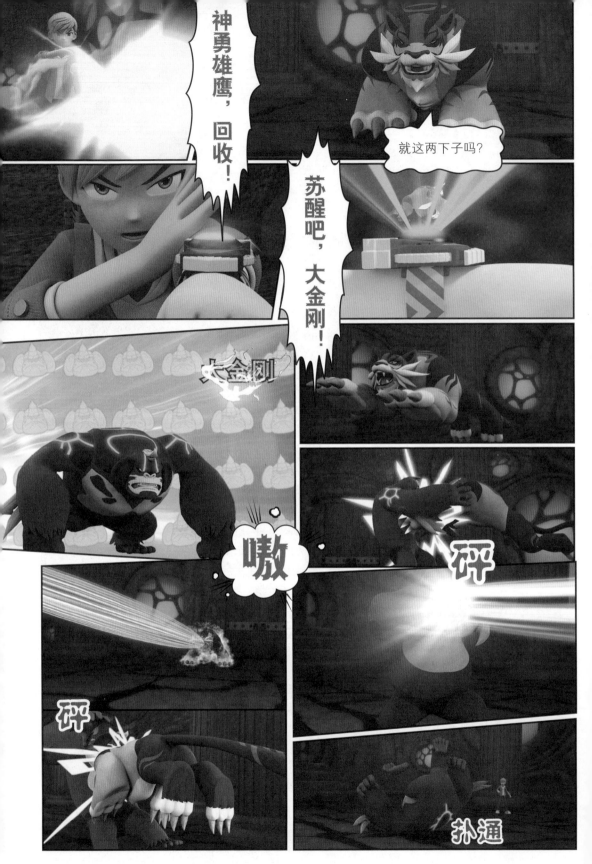

108

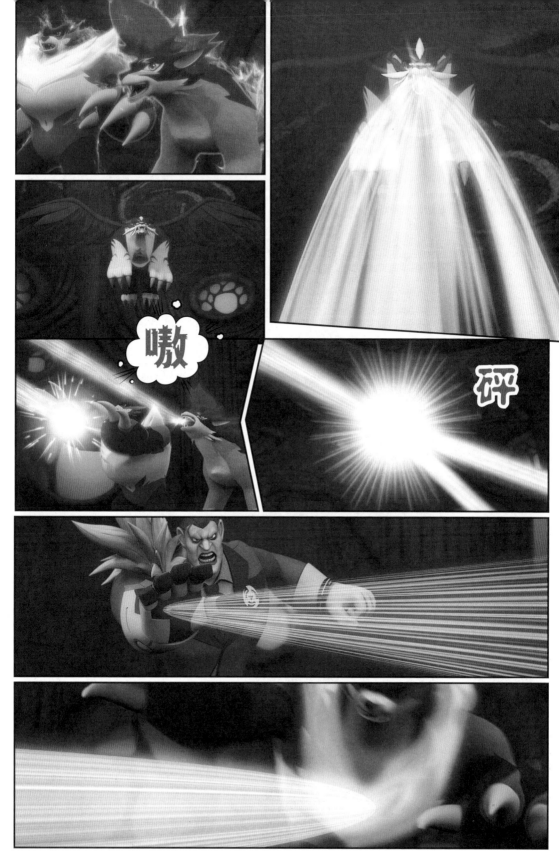

111

我这就把丛林的心脏都给毁了。

咚

咚

轰隆隆

碎

不!

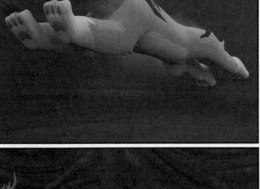

扑通

什么?你们都已经知道了?

现在太危险了,还是等阿瑟和阿泰把暗煜打败了,再去劝你爸爸吧。

115

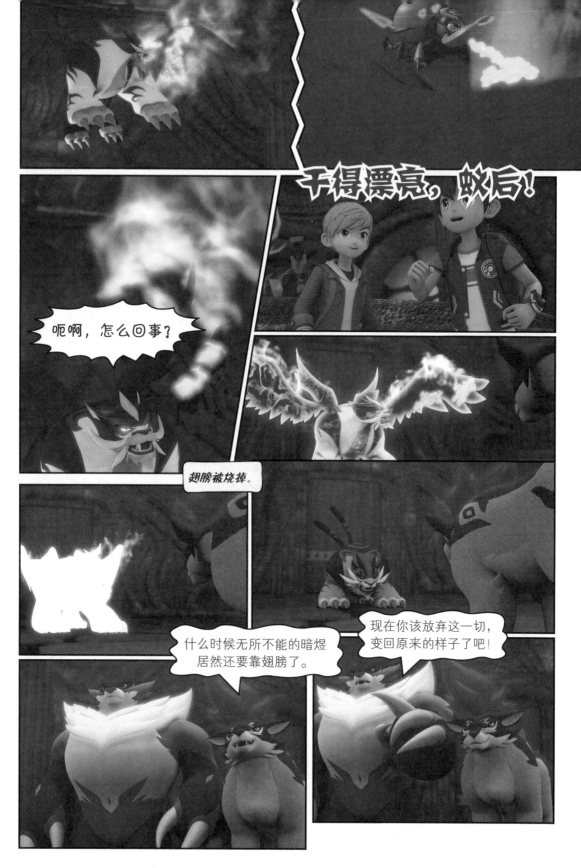

干得漂亮，蚁后！

呃啊，怎么回事？

翅膀被烧掉。

什么时候无所不能的暗煜
居然还要靠翅膀了。

现在你该放弃这一切，
变回原来的样子了吧！

没时间了。

知识加油站

拟态

　　拟态是指动物们为了保护自身或轻松获得猎物而与周围的物体或者其他动物保持相似的状态。拟态有两种：一种是隐藏自己；另一种是显眼地展示自己。

　　为了隐蔽的拟态就是长得像树枝一样的竹节虫与长得像树叶相似的蚂蚱在周围环境里把自身隐藏起来，这就是它们的拟态方式。这样不仅可以避开捕食者的眼睛，还可以隐藏起来捕食它们的猎物。

　　为了警戒的拟态是通过模拟拥有毒针、臭味等带有强大威胁武器的动物，或模拟连捕食者们都不喜欢的动物，以及模拟相似形态和行为等。与隐蔽的拟态不同，积极地将自身暴露就是躲避捕食者攻击的一种方式。如花朵上的苍蝇虽然很显眼，但因它的外貌与蜜蜂很相似，所以可以躲过青蛙的攻击。

第六章

新征程

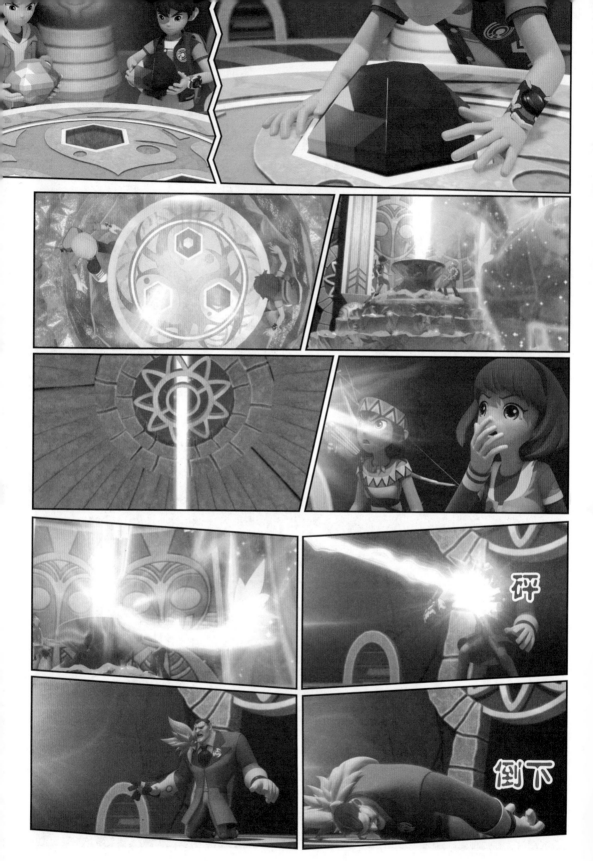

丛林恢复原貌。

145

哇！

看来灵石发挥作用了。丛林又恢复了往日的生机。

可不是，我也不敢相信。

太神奇了，爸爸。

是你们救了丛林。

什么？

对，马诺，丁凯，这些都是你们的功劳，真是太帅了。

呵呵！

是灵兽。

灵兽们向大家告别。

149

陨石与球粒陨石

在宇宙空间的星际物体脱离原有的运行轨道奔向地球，在进入大气层时，与之摩擦发出光热的便是流星。通过地球上的大气层没有燃尽而直接掉落在地球的物体就是陨石。大多数陨石来自于火星和木星间的小行星带，小部分来自月球和火星。陨石大体可分为石质陨石、铁质陨石，石铁混合陨石，一般比同体积的岩石重些。特别是原生陨石是原始太阳星云凝聚产生的最原始的物质，所以它能解开许多太阳系的秘密。科学家认为一颗直径 10km 多的陨星在白垩纪后期击中了地球，导致了地球上许多动植物的灭绝，特别是恐龙的突然灭亡。

球粒陨石在地球上掉落的陨石中数量最多，约占全部陨石的 85%。它的主要矿物成分是橄榄石和辉石，在这之间还具有微细结构，是球粒状的镍、铁、斜长石和石英等成分。球粒陨石的组成与太阳光谱成分一致，而与地球表面和非球粒陨石完全不同，因此它可能代表着原始太阳的组成。球粒陨石的非挥发性成分比例几乎恒定，这表明太阳系中原始物质的非挥发性成分的组成是相同的。此外，球粒陨石通常含有挥发性成分，例如碳和水，但含量并不恒定。它的比重是 3.3～3.9，平均孔隙度为 11%。利用与岩石测年相同的方法计算得出球粒陨石大约有 45 亿年的历史，比任何地球和月球的岩石都要老，为月球、地球和太阳年龄的对比提供了依据。